AF833812

Unsere Gartenvögel

Amsel (Weibchen) in einem Schlehdorn

LEANDER KHIL

Unsere Gartenvögel

UND WIE SIE SICH ZU HAUSE FÜHLEN

Servus DAS GROSSE KLEINE BUCH № 034

GEFIEDERTE GÄSTE IN UNSEREN GÄRTEN

Melodischer Gesang, der von draußen in die Wohnung schallt, oder reges Treiben an der Futterstelle vor dem Fenster – Vögel beleben unsere Gärten zu jeder Jahreszeit. Die verschiedenen Arten mit ihren unterschiedlichen Farben, Formen und Lebensweisen zu beobachten ist eine wunderbare Bereicherung des Alltags. Täglich können wir uns an spannenden Entdeckungen in der Welt der Vögel erfreuen – auch direkt vor dem Haus.

Dieses Büchlein enthält Tipps für einen vogelfreundlichen Garten und stellt die wichtigsten heimischen Arten von **A**msel bis **Z**ilpzalp vor, die im Lauf des Jahres unsere Gärten besuchen.

DER VOGELGARTEN

Mit einfachen Mitteln kann nahezu jeder Garten, egal wie groß, für Vögel attraktiver gemacht werden. Sogar in städtischen Innenhöfen oder auf kleinen Balkonen werden Vögel zu regelmäßigen Gästen, wenn man Anziehungspunkte für sie schafft. Natürlich hängt die Vielfalt im eigenen Garten auch von der Reichhaltigkeit der umliegenden Gegend ab. In abwechslungsreichen Landschaften mit totholzreichen Wäldern, bunten Wiesen und naturnahen

Kleiber

Gewässern sind mehr Arten zu erwarten als in ausgeräumten Ackerlandschaften. Sie werden aber erstaunt sein, welche gefiederten Überraschungen Sie sogar hier oder im verbauten Stadtgebiet erleben können!

Generell gilt: Je vielfältiger der Garten, desto vielfältiger die Vogelwelt, die ihn nutzt. Verschiedene Strukturen dienen unterschiedlichen Arten als Lebensraum und so kann ein kleiner Teich genauso wie einige Nadelbäume Ihren Vogelgarten um die eine oder andere Spezies bereichern.

Heimische Sträucher, beispielsweise Holunder, Hartriegel, Kornelkirsche oder Weißdorn, dienen als geschützte Brutplätze und Nahrungsquelle. Zur Blüte locken sie Insekten an, die unseren Gartenvögeln wiederum als Nahrung dienen, genauso wie die Beeren später im Herbst.

Erlauben Sie unbedingt auch ein bisschen Unordnung in Ihrem Garten! Totholz, Reisighaufen, wuchernde Vegetation – all das erhöht die Vielfalt, nicht nur, aber auch in der Vogelwelt!

FÜTTERUNGEN UND TRÄNKEN

Wie alle Tiere lassen sich auch unsere heimischen Vögel vom Hunger treiben und sind ständig auf der Suche nach günstigen, leicht erreichbaren Nahrungsquellen. Es gibt zahlreiche Möglichkeiten, Vogelnahrung im Garten anzubieten.

Das winterliche Futterhaus ist die gängigste Art, Vögel in der kalten Jahreszeit zu unterstützen. Aber Achtung! Nur wer richtig füttert, hilft den Vögeln wirklich und richtet keinen Schaden an.

Blaumeise an einer Futterstelle

Fütterungen sollten mit geeigneten Vorrichtungen vorgenommen werden, die das angebotene Futter vor Verunreinigung (vor allem durch Kot) schützen. Außerdem sollten Futterstellen so angelegt sein, dass sich Katzen nicht unbemerkt anschleichen können. Ein dichter Busch in der Nähe dient als Rückzugsort für die kleinen Besucher, wenn Gefahr, zum Beispiel durch den Sperber, droht.

Stellen Sie unterschiedliche Futtertypen für die verschiedenen Artengruppen zur Verfügung: Sperlinge, Finken und Meisen lieben Samen (z.B. ungeschälte Sonnenblumenkerne oder Hanfsamen), Amseln und Rotkehlchen mögen weichere Nahrung (z.B. Früchte oder Haferflocken), fettreiches Futter (z.B. Erdnüsse, Meisenknödel oder Fettschwarten) wird von Spechten und Meisen gerne angenommen. Äpfel können für Drosseln ausgelegt oder aufgehängt werden, eine Hafer-Garbe lockt verschiedene Samenfresser an. Bei der Winterfütterung kann man getrost auch kreativ sein, Verschiedenes ausprobieren und ausloten, welches Futter am besten ankommt. Unbedingt zu vermeiden sind Speisereste, Salziges und Süßes. Wenn Sie nicht erst zu füttern beginnen, wenn der erste Schnee liegt, wird sich schneller Besuch an Ihrem Futterhaus einstellen. Vögel merken sich hervorragend, wo in ihrem „Revier" Futterquellen vorhanden sind, und suchen diese dann in Notzeiten rasch auf.

Zu anderen Jahreszeiten können unsere Gartenvögel ebenfalls mit Futter versorgt werden. Zwar besteht außerhalb des Winters

Kohlmeise

weniger Bedarf an zusätzlicher Fütterung, es spricht aber kaum etwas dagegen, auch im Frühling, Sommer und Herbst Futter anzubieten. Oberstes Gebot ist aber auch hier, *richtig* zu füttern. Die meisten Arten, die im Winter Samen fressen, benötigen im Sommer Insektennahrung. Zur Jungenaufzucht sind Kerne ungeeignet, Meisen freuen sich über ein Schälchen mit Mehlwürmern auf dem Fensterbrett. Am einfachsten und besten ist es aber, den Garten nahrungsreich zu gestalten. Wird beim Rasenmähen ein Teil der Wiese stehen gelassen, sorgt das für eine höhere Pflanzenvielfalt und Vögel finden dort geeignete Nahrung, beispielsweise verschiedene Insektenarten. Wo Reisig- und Laubhaufen oder tote Baumstämme liegen bleiben, gibt es ebenfalls Insektennahrung. Werden trockene Disteln oder Sonnenblumen im Sommer nicht abgeschnitten, bedienen sich Stieglitze, Grünlinge und andere an den reifen Samen.

Genauso wichtig wie das Futter ist für unsere Vögel natürlich Wasser. Egal ob eine kleine Wasserschale oder ein großzügiges Vogelbad – zu fast jeder Jahreszeit, auch an warmen Wintertagen, besuchen verschiedenste Arten angebotenes Wasser, um zu trinken oder ausgiebig zu baden. Zu beachten ist, dass Vogelbäder nur etwa einen Zentimeter tief sein sollten und leicht, zum Beispiel über einen herausragenden Ast, verlassen werden können. Regentonnen und andere, tiefe, glattwandige Gefäße können – vor allem für Jungvögel – zu tödlichen Fallen werden. Ein Gartenteich wird für Singvögel erst interessant, wenn das Wasser an einer Stelle leicht erreicht werden kann. Zum Baden ist eine sehr seichte Flachwasserzone notwendig.

Sorgen Sie dafür, dass die Vogeltränke durchwegs mit Wasser gefüllt ist. Vögel lernen schnell, auf welche Wasserquellen sie sich verlassen können und auf welche nicht. Werden Ihre Besucher öfter enttäuscht, wählen sie bald einen anderen Ort, um ihren Durst zu stillen.

NISTHILFEN

Je vielfältiger der Garten, umso mehr Arten werden darin einen Nistplatz finden. Nischen und Winkel am Haus werden von Hausrotschwanz, Grauschnäpper, Sperlingen, Bachstelze und Amsel besiedelt. Unter dem Dachvorsprung nisten gerne Schwalben – montiert man ein Kotbrett unter den Nestern, wird der anfallende Schmutz schnell erträglich und die Freude an den geschickten Fliegenfressern überwiegt. Eine lehmige Pfütze, aus der Mehl- und Rauchschwalbe das Material zum Nestbau beziehen, ist eine große Hilfe. Dichte Hecken, Efeu- oder Weinbewuchs am Haus bieten Nistplätze für Rotkehlchen, Singdrossel, Zaunkönig, Schwanzmeise und verschiedene Finken. In Bodennähe brüten Grasmücken und Zilpzalp. Nur wer Bäume im Garten hat, wird sich am Brutgeschehen von Spechten, Eichelhäher, Elster und Krähen erfreuen können.

Hohlräume in abgestorbenen Bäumen oder Ästen sind die natürlichen Brutplätze für eine Vielzahl an Arten. Weil diese aber leider meist durch Baumpflege-Maßnahmen entfernt werden, sind oft Nistkästen nötig, um ausreichend Brutplätze zu bieten. Nisthöhlen mit einem runden Einflugloch mit 32 mm Durchmesser

*Halsbandschnäpper (Weibchen)
am Nistkasten*

Über mehrere Saisonen von Feldsperlingen genutzter Nistkasten

Nistkasten für Nischenbrüter

werden von Kohlmeisen, Kleibern, Gartenrotschwanz und Sperlingen genutzt. Mit einer etwas engeren Öffnung (28 mm) unterstützt man kleinere Arten wie die Blaumeise. Für viele weitere Arten können Spezialnistkästen gebaut oder erworben werden.

Reinigen Sie die Nistkästen entweder, nachdem die Jungvögel ausgeflogen sind, oder im Spätwinter (Ende Februar), bevor die ersten Arten die Nisthilfen wieder beziehen. Verbleibt das Nistmaterial über Winter im Kasten, dient es als Isolation – einige Singvögel und andere Tiere nutzen die Nistkästen auch als wettergeschützte Schlafstätte im Winter!

RÜCKZUGSORTE

Fressen und Nisten sind zwar sehr wichtige, aber nicht die einzigen Beschäftigungen, denen unsere Gartenvögel nachgehen. Ob und wie lange sie sich bei uns aufhalten, hängt auch davon ab, ob der Garten über geeignete Rückzugsorte verfügt, an denen sich Vögel sicher fühlen und gerne verweilen.

Sehr wichtig sind Stellen, an denen Vögel unbeobachtet sein können, um zu rasten oder vor Fressfeinden zu fliehen. Sorgt man für den einen oder anderen blickdichten Busch, wird ein Rotkehlchen vielleicht nicht nur zum kurzen Fressen in den Garten kommen, sondern den ganzen Tag bleiben, weil es sich hier sicher fühlt. Als Fluchtmöglichkeiten spielen Hecken und Gebüsche eine nicht zu unterschätzende Rolle. Wo sich regelmäßig Singvögel aufhalten, sind auch ihre Jäger nicht weit. Eine besondere Gefahr für Vögel geht bekanntermaßen von freilaufenden Hauskatzen aus. Besonders Jungvögel sind unseren Stubentigern (die, wenn schon im Freilauf gehalten, zumindest mit einem warnenden Glöckchen am Halsband ausgestattet sein sollten) ausgeliefert. Dichte Sträucher, deren Äste bis zum Boden reichen, erleichtern die Flucht, solange die Jungen noch nicht ausreichend gut fliegen können und zu Fuß unterwegs sind.

DIE ARTEN

SPERBER UND TURMFALKE

~

Zwei kleine Greifvögel sind ganzjährig in oder nahe unserer Gärten anzutreffen.

Der **Turmfalke** (*Falco tinnunculus*) sucht seine Nahrung zwar vor allem in offener Landschaft, kann aber durchaus auch in größeren Gärten zu Besuch kommen. Bei beiden Geschlechtern sind Rücken und Teile der Flügel rotbraun gefärbt und mit zahlreichen schwarzen Flecken übersät. Der äußere Teil der spitzen Flügel ist schwarzbraun. Männchen haben zudem einen grau kontrastierenden Kopf und Schwanz, während diese Gefiederpartien bei Weib-

Junge Turmfalken auf einer Nisthilfe

Sperber (Weibchen)

chen und Jungvögeln ähnlich gefärbt sind wie der Rücken. Die Unterseite ist in allen Kleidern dicht dunkel gefleckt.

Der Turmfalke macht von einem Ansitz aus Jagd auf Mäuse und Insekten, nur selten auf kleine Vögel. Eine sehr charakteristische Form der Nahrungssuche ist der Rüttelflug, bei dem die Vögel in der Luft „stehen bleiben" und dabei heftig mit den Flügeln schlagen. Turmfalken bauen selbst kein Nest und nutzen daher alte Nester von Krähen oder Elstern sowie Nischen an höheren Gebäuden zum Brüten. Gerne werden auch Nisthilfen angenommen.

Der **Sperber** (*Accipiter nisus*), bei dem das Männchen deutlich kleiner als das Weibchen ist, ähnelt dem Turmfalken vor allem im Flug sehr. Unterschieden wird er durch die breiteren, runderen Flügel mit weniger markanter Spitze. Typisch ist auch die feine „Sperberung", also Bänderung der Unterseite, die bei Männchen orange, bei Jungvögeln und Weibchen grau ist. Die Oberseite ist dunkelgrau oder braun, bei Männchen kann sie bläulich wirken. Sperber sind spezialisierte Kleinvogeljäger. Besonders im Siedlungsgebiet schlagen manche sogar Tauben, die nur wenig oder gar nicht kleiner sind als sie selbst. Sein Nest legt der Sperber meist in Wäldern an und ist in Gärten in der Regel nur Nahrungsgast. Im Winter versucht er gerne in der Nähe von Futterstellen sein Glück, an denen sich viele Singvögel tummeln.

STRASSENTAUBE, RINGELTAUBE UND TÜRKENTAUBE

Von den heimischen Taubenarten kommen drei besonders gerne in der Nähe des Menschen vor.

Die von der Felsentaube (*Columba livia*) abstammende **Straßentaube** (*C. livia f. domestica*) ist die häufigste Vertreterin. Sie kommt nur im Siedlungsraum, besonders häufig in Städten vor. Nur ein Teil der Vögel entspricht äußerlich noch dem Typ der grauen Wildform. Heute gibt es unterschiedlichste Farbvarianten von weiß, über grau und rötlichbraun bis zu schwarz, die wohl auf verwilderte Haus- und Brieftauben zurückgehen. Straßentauben brüten in Gebäudenischen, und das rund ums Jahr. Sogar mitten im Winter kann man, vor allem in Städten, brütende Straßentauben entdecken.

Die deutlich größere **Ringeltaube** (*C. palumbus*) ist der Stammform der Straßentaube auf den ersten Blick recht ähnlich. Sie bewohnt überwiegend offenes Kulturland, Wälder und große Parklandschaften, dringt in letzter Zeit aber zunehmend in den städtischen Bereich vor. Namensgebend ist nicht, wie oft fälschlich

Straßentaube

Ringeltaube

vermutet, ein Halsring (einen solchen zeigt nur die Türkentaube, die deswegen manchmal irrtümlich „Ringeltaube“ genannt wird), sondern ein breites, schneeweißes Band auf der Flügeloberseite, das nur im Flug gut sichtbar ist. Das Gefieder ist überwiegend grau, die Brust zart violett und auf den Halsseiten ist ein großer Doppelfleck aus einem schillernd grünen und einem weißen Teil zu sehen. Schnabel und Auge sind gelb. Die Ringeltaube baut ein sehr lockeres Nest aus recht großen Zweigen, meist auf Bäumen, immer wieder aber auch an Häusern. Brutvögel unserer Breiten überwintern weiter südlich, in Süd-, West- und Teilen Nordeuropas ist sie aber Jahresvogel. Der Gesang ist ein für Tauben typisches, tiefes, vier- oder fünfsilbiges Gurren („hu-hruu-hru-hru-hru“), das vielfach wiederholt vorgetragen wird.

Türkentaube

Viel kleiner und eleganter ist die **Türkentaube** (*Streptopelia decaocto*) mit ihrem einfarbigen, beigen Federkleid. Die Flügel sind dunkler, richtig auffällig ist aber nur der dünne, schwarze, vorne offene Halsring. Beim Auffliegen werden die weißen Schwanzseiten sichtbar. Türkentauben stammen aus Vorderasien und sind erst im Lauf des letzten Jahrhunderts nach Mitteleuropa eingewandert. Sie brüten durchwegs in Menschennähe, besonders häufig im ländlichen Raum und in Vorstadt-Gebieten, wo sie das ganze Jahr über anzutreffen sind. Türkentauben singen ähnlich wie die Ringeltaube, aber höher und dreisilbig „hu-huu-hu". Das Nest wird in Bäumen, Hecken und nicht selten an Gebäuden angelegt.

BUNTSPECHT UND GRÜNSPECHT

~

Zehn verschiedene Spechtarten findet man in Europa. Zwei davon leben besonders häufig und ganzjährig in unseren Gärten, sofern ausreichend Bäume vorhanden sind.

Seinem Namen kaum gerecht wird die häufigste heimische Art, der **Buntspecht** (*Dendrocopos major*). Sein Gefieder ist überwiegend schwarz-weiß, mit wenigen roten Akzenten am Unterschwanz und (nur beim Männchen) am Hinterkopf. Nur Jungvögel haben eine ganz rote Kopfkappe. Die selbstgezimmerte Nisthöhle wird in einem Baum, meist einige Meter über dem Boden, angelegt und gerne von anderen Arten nachgenutzt. Seine Nahrung sucht sich der Buntspecht in totem Holz, es werden aber auch Zapfensamen, Nüsse und zur Brutzeit Gelege und Jungvögel gefressen. Der schar-

Ein Buntspecht (Männchen) bei der Fütterung seines Jungvogels mit der für dieses Alter typischen, roten Kopfkappe

fe Ruf des Buntspechts klingt wie „kix“ und wird zum Teil einzeln oder in Serie und je nach Grad der Erregung unterschiedlich schnell vorgetragen.

Der **Grünspecht** (*Picus viridis*) trägt einen sehr passenden Namen. Sein Federkleid ist überwiegend grün, der Rumpf leuchtend gelb – ein Merkmal, das besonders beim Auffliegen gut zu sehen ist. Die rote Kopfkappe beider Geschlechter reicht bis weit in den Nacken und das Gesicht wird von einer schwarzen Maske dominiert, in deren „Bartstreif“ beim Männchen ein rotes Feld zu sehen ist. Jungvögel sind weiß gesprenkelt, die schwarze Maske fehlt. Der Grünspecht verbringt viel Zeit am Boden, wo er vor allem nach Ameisen als Nahrung sucht. An den Futterstellen wird man ihn kaum sehen, auf Holz hackt er nur selten. Sein Ruf klingt wie ein schallendes Lachen und ist, hat man es sich einmal eingeprägt, unverwechselbar.

Grünspecht (Weibchen)

Mehlschwalbe

Mauersegler

MEHLSCHWALBE, RAUCHSCHWALBE UND MAUERSEGLER

~

Ab April kommen jene Vögel aus Afrika zu uns zurück, die – in größerer Zahl – sprichwörtlich den Sommer machen. Zwei Arten von Schwalben brüten häufig an und in Gebäuden. Die kleinere **Mehlschwalbe** (*Delichon urbicum*) trägt ihren Namen wegen der reinweißen Unterseite. Auf der Oberseite zeigt sie einen großen weißen Rückenfleck, der Schwanz ist gegabelt, aber kurz.

Die **Rauchschwalbe** (*Hirundo rustica*) ist oberseits zur Gänze glänzend schwarzblau, die Unterseite ist eher schmutzig weiß gefärbt und ihre Kehle ist dunkelrot. Die verlängerten äußeren Schwanzfedern sind als lange Spieße wahrnehmbar. Während die Mehlschwalbe außen an Häusern brütet und ihr Lehmnest bis auf eine kleine Öffnung schließt, bevorzugt die Rauchschwalbe Innen-

Rauchschwalbe

Bachstelze

Seidenschwanz

räume von Ställen, Heuschobern oder leerstehenden Gebäuden und baut ein halboffenes Nest.

Der größere **Mauersegler** (*Apus apus*) ist mit den Schwalben nicht näher verwandt, nutzt aber ebenfalls den offenen Luftraum zur Jagd nach Insekten. Der dunkel graubraune Vogel mit der weißen Kehle brütet in Gebäuden, häufig in Hohlräumen unter dem Dach oder in speziellen Nistkästen, die man unter dem Dachvorsprung anbringen kann.

BACHSTELZE

Die **Bachstelze** (*Motacilla alba*) ist ein recht häufiger Singvogel, den man auf Nahrungssuche am Boden, gerne in Wassernähe antrifft. Charakteristisch ist das ständige Wippen mit dem auffallend langen Schwanz. Altvögel tragen eine schwarze Kopfkappe und Kehle, die beim Männchen jeweils etwas schärfer begrenzt ist als beim Weibchen. Rücken und Flügel sind kalt grau, der Bauch weiß. Jungvögeln fehlen noch die schwarzen Gefiederpartien, nur auf der Brust ist ein angedeuteter dunkler Kehllatz erkennbar. Das Gesicht ist durch einen hellen Überaugenstreif gezeichnet.

Als reine Insektenfresserin zieht die Bachstelze im Winter nach Süden, nur vereinzelt überwintern bei uns einige Vögel an Gewässern. Ihr recht offenes Nest legt die Bachstelze in Nischen, gerne auch an Bauwerken, nicht selten in Blumenkisten oder am Fensterbrett an. Die häufigste Lautäußerung der Bachstelze ist ein typisch zweisilbiges „tsli-witt“.

Rotkehlchen

SEIDENSCHWANZ

Nicht in jedem und auch nicht notwendigerweise in den härtesten Wintern stößt ein sibirischer Gast bis in unsere Breiten vor: der **Seidenschwanz** (*Bombycilla garrulus*). Diese elegante Art brütet von Skandinavien ostwärts. Nach Mitteleuropa verschlägt es sie alle paar Jahre, keinem festen Rhythmus folgend und wenn, dann meist in großer Zahl. Als Auslöser dieser Invasionen gilt der Mangel an geeigneter Winternahrung im hohen Norden: Der Seidenschwanz ernährt sich in der kalten Jahreszeit von verschiedenen Früchten. In unseren Gärten erfreuen sich die einfallenden Trupps von einigen wenigen bis zu mehreren hundert Tieren unter anderem an hängen gebliebenen Äpfeln, vollen Beerensträuchern oder Ebereschen.

Das besondere Aussehen des Seidenschwanzes mit dem nach hinten gerichteten Schopf macht ihn leicht erkennbar. Das braune, seidig-glatt wirkende Gefieder mit schwarzer Kehle und Augenmaske trägt gelbe und rote Farbtupfer an Flügeln und Schwanz.

ROTKEHLCHEN

Kaum einem Gartenvogel begegnen wir mit so viel Sympathie wie dem **Rotkehlchen** (*Erithacus rubecula*). Der Inbegriff eines niedlichen Vögelchens und gern gesehenen Gartenbesuchers verbringt viel Zeit am Boden und im Unterwuchs, wo er auch sein Nest anlegt. Kennzeichnend sind die leuchtend orange Kehle und Brust, das übrige Gefieder ist graubraun. Das sehr große, dunkle Knopfauge und die rundliche Gestalt verleihen ihm das kindliche Aussehen.

Jungvögeln fehlt vorerst die rote Kehle und ihr Gefieder ist hell gesprenkelt. Rotkehlchen sind zu allen Jahreszeiten bei uns zu finden, wobei im Winter auch Vögel aus dem Norden zuziehen. Insekten bilden die Hauptnahrung des Rotkehlchens. Wenn diese nicht verfügbar sind, steigt es auf weiche Sämereien um. Der Gesang, ein melancholisch und perlend klingendes Lied, wird gerne sehr früh oder spät am Tag vorgetragen. Einige Männchen singen auch im Winter, um ihr Winterrevier akustisch abzugrenzen. Aus dem Unterholz kann man oft auch den Ruf, ein scharfes „zick", vernehmen.

HAUSROTSCHWANZ UND GARTENROTSCHWANZ

Oft entdeckt man das verräterische Merkmal der Rotschwänze, den namensgebenden orange-roten Schwanz, erst wenn der Vogel abfliegt. Zwei Arten dieser insektenfressenden Gattung findet man von Frühling bis Herbst bei uns.

Der häufigere **Hausrotschwanz** (*Phoenicurus ochruros*) lebt als ursprünglicher Gebirgsvogel direkt an Gebäuden, wo er in den Hausmauern geeignete „Ersatzfelsen" vorfindet. Das Männchen ist schwarzgrau, wobei Gesicht und Unterseite dunkler sind als Kopfkappe und Nacken. Am Flügel zeigt es ein auffälliges weißes Feld. Weibchen und Jungvögel sind einfarbig kalt grau. Ihr Nest legen Hausrotschwänze in Nischen an Gebäuden und Halbhöhlen-Nistkästen an. Der Gesang des Männchens erklingt oft schon in der Dunkelheit und besteht aus überaus charakteristischen Motiven. Auf eine Serie von Pfeif- und Klappertönen folgt ein langgezogenes Knirschen, wie es sonst kein Singvogel hervorbringt. Ab-

Hausrotschwanz (Weibchen)

Gartenrotschwanz (Weibchen)

Amsel (Männchen)

geschlossen wird der Gesang wieder mit melodisch klappernden Noten.

Der **Gartenrotschwanz** (*P. phoenicurus*) ist weniger an Häuser gebunden. Oft bewohnt er Gärten mit mehreren älteren Einzelbäumen und Streuobstwiesen. Dort brütet er in Asthöhlen und auch Nistkästen für Höhlenbrüter nimmt diese Art gerne an. Das Männchen ist wesentlich bunter als das des Hausrotschwanzes. Gesicht und Kehle sind schwarz, darüber zeigt es eine weiße Stirn. Brust, Bauch und Flanken sind orange-rot. Das Weibchen ist unscheinbar und schwer von dem des Hausrotschwanzes zu unterscheiden. Die Grundfärbung ist etwas lebhafter braungrau, Brust und Bauch sind heller und einen Hauch rötlicher gefärbt als beim Hausrotschwanz. Der wehmütige Gesang des Gartenrotschwanzes hat ähnliche Elemente wie der des Hausrotschwanzes, das knirschende Motiv fehlt aber.

AMSEL, WACHOLDERDROSSEL, SINGDROSSEL

Die häufigste heimische Drossel, die **Amsel** (*Turdus merula*), ist in fast jedem Garten zu finden. Weniger bekannt sind die beiden anderen hier vorgestellten Arten. Alle drei ernähren sich gerne von Regenwürmern, die sie am Boden unter Hecken oder am Rasen unserer Gärten suchen. Besonders im Herbst und Winter sind Beeren oder andere Früchte ihre Hauptnahrung.

Die Männchen der Amsel sind an ihrem tiefschwarzen Gefieder, dem dottergelben Schnabel und Augenring erkennbar. Die Weibchen tragen ein dunkelbraunes Gefieder, das im Brustbereich schwach gestrichelt ist. Die Schnabelfärbung der Weibchen ist variabel und kann dunkel hornbraun bis leuchtend gelb sein. Jungvögel sind etwas lebhafter braun und zeigen viele helle Tupfer im Gefieder. Ihr Nest aus Grashalmen legen Amsel-Pärchen auf Bäumen, in Hecken oder an geeigneten Stellen am Haus an. Der typische Gesang ist ein variantenreiches, kräftiges Flöten, das häufig von Bäumen oder Hausdächern aus vorgetragen wird.

Ein Sommergast ist die etwas kleinere **Singdrossel** (*T. philomelos*). Männchen und Weibchen sehen bei ihr gleich aus. Von der Amsel wird sie leicht anhand der weißen Unterseite unterschieden, die mit großen, dunklen, pfeilförmigen Flecken übersät ist. Das Nest ist dem der Amsel ähnlich, wird aber mit Holzbrei und Lehm ausgekleidet. Auch der Gesang klingt ähnlich dem ihrer häufigen Schwesterart, ist aber durch regelmäßige, zwei-, drei- oder viermalige Wiederholung kurzer Motive gekennzeichnet.

Die **Wacholderdrossel** (*T. pilaris*) ist ein regelmäßiger Wintergast aus dem Nordosten, in kühleren Regionen des deutschsprachigen Raums brütet sie aber auch. Diese Art ist etwas bunter als die obengenannten. Die Kombination aus grauem Kopf und Rücken, braunen Flügeln und gelbem Schnabel macht die Bestimmung recht einfach.

MÖNCHSGRASMÜCKE, KLAPPERGRASMÜCKE UND GARTENGRASMÜCKE

Die Grasmücken sind eine eher unscheinbare Singvogelgruppe, die wie die Drosseln durch ihren oft melodischen und vielfältigen Ge-

Singdrossel

Wacholderdrossel

Klappergrasmücke

Mönchsgrasmücke (Männchen)

Gartengrasmücke

sang auf sich aufmerksam machen. Der Name kommt nicht etwa von der niedrigen Vegetation, in der sie manchmal brüten, sondern aus dem Althochdeutschen. „Grasmucka" heißt „Grauschlüpfer" und bezieht sich auf das schlichte Aussehen und die versteckte Lebensweise dieser Gruppe. Alle Arten ernähren sich überwiegend von Insekten und verlassen unsere Breiten im Winter.

Die häufigste und auffälligste heimische Art ist die **Mönchsgrasmücke** (*Sylvia atricapilla*). Männchen und Weibchen unterscheiden sich in der Farbe der deutlich abgesetzten Kopfkappe. Diese ist beim Männchen schwarz, beim Weibchen braun. Auch Jungvögel tragen eine braune Kappe. Der Gesang der Mönchsgrasmücke ist einer der auffälligsten in unseren Gärten. Die variantenreiche Melodie kann an eine Amsel erinnern, klingt aber nicht so voll und flötend. Auch die Rufe der Mönchsgrasmücke sind typisch: Das „teck" klingt wie zwei aneinander geschlagene Kieselsteine.

Die **Gartengrasmücke** (*S. borin*) ist etwas größer, hat einen dickeren Schnabel und ist besonders unscheinbar braun gefärbt.

Einzig der nicht leicht sichtbare, graue Fleck an den Halsseiten ist als Merkmal zu nennen. Der Gesang ist dem der Mönchsgrasmücke ähnlich, wird aber schneller vorgetragen.

Die **Klappergrasmücke** (*S. curucca*) ist kleiner als die erstgenannten Arten und auch etwas leichter zu erkennen. Zur grauen Kopfkappe kontrastieren die weiße Kehle und der braunere Rücken. Ihr Gesang gibt der Klappergrasmücke den Namen: Nach kurzer, kratziger Einleitung ertönt eine rasche Folge derselben monotonen Noten.

ZILPZALP UND ZAUNKÖNIG

Zwei der kleinsten heimischen Singvögel bekommt man viel seltener zu Gesicht, als man ihren typischen Reviergesang hören kann. Der unscheinbare **Zilpzalp** (*Phylloscopus collybita*) singt unablässig seinen Namen „zilp-zalp-zilp…“, der **Zaunkönig** (*Troglodytes troglodytes*) äußert eine explosive, beeindruckend laute Melodie aus verschiedenen Trillern. Der Zilpzalp ist vorwiegend Sommergast, den man nur selten (aber zunehmend) im Winter bei uns sieht, während der Zaunkönig ganzjährig in unseren Breiten zuhause ist. Zur Nahrungssuche hält sich der rehbraune Zaunkönig gerne in Bodennähe auf, wo er wie eine Maus rastlos in Hecken oder Reisighaufen umherhuscht. Bekommt man ihn zu Gesicht, ist der kurze, oft senkrecht nach oben ragende Schwanz ein gutes Merkmal. Der Zilpzalp bevorzugt die Strauch- und Baumschicht, wo er in den feinen Ästen nach Insekten sucht. Dem graubraunen Vogel mit Überaugenstreif fehlen weitere auffällige Kennzeichen.

Zilpzalp

Zaunkönig

Grauschnäpper

Kohlmeise (Weibchen)

GRAUSCHNÄPPER

Der **Grauschnäpper** (*Muscicapa striata*) kommt erst Anfang Mai aus seinem afrikanischen Winterquartier zu uns zurück. Er wählt halboffene Nistplätze, zum Beispiel Winkel hinter Blumenkisten, an Wandlampen, Mauern oder Holzträgern. Das typische Jagdverhalten dieser Art ist vielleicht sogar auffälliger als sein Aussehen: Von einer Warte aus erbeuten die Vögel Insekten im Flug und kehren mit ihrem Fang sogleich zum selben oder zu einem nahe gelegenen Sitzplatz zurück. Das Gefieder ist kalt graubraun gefärbt, Kopfplatte und Brust sind sanft gestrichelt. Beine und Schnabel sind ebenso wie das große Knopfauge schwarz.

MEISEN

Im Lauf des Jahres können wir verschiedene Meisenarten in unseren Gärten beobachten. Es können zwar alle heimischen Arten zu allen Jahreszeiten auftreten, vor allem Tannen- und Haubenmeise besuchen die Gärten in den Tieflagen aber vorzugsweise im Winter, weil sie ihre Verbreitungsschwerpunkte in höher gelegenen Wäldern haben. Ebenso sind alle Arten Höhlenbrüter und nehmen gerne Nistkästen an. Meisen ernähren sich im Sommer von Insekten, im Winter steigen sie auf Samennahrung um und sind deshalb regelmäßige Gäste an unseren Futterstellen.

Die häufige **Kohlmeise** (*Parus major*) zeichnet sich durch einen schwarzen Kopf mit großem, weißem Wangenfleck aus. Die Unterseite ist knallgelb, ein schwarzer Streifen verläuft von der Kehle über die Brust nach unten. Bei den Männchen verbreitert sich dieser Streifen in Richtung des Bauches, bei Weibchen wird er immer dünner und endet vor diesem. Die Flügel sind graublau und zeigen einen auffälligen, weißen Streifen. Der Rücken ist grünlich gefärbt. Der Gesang der Kohlmeise ist ein beliebter Frühlingsbote. Zwar ist das Repertoire vielfältig, häufig wiederholte Gesangsmotive sind aber beispielsweise „TI-ta-TI-ta-TI-ta“ oder „zi-zi-BÄ zi-zi-BÄ“.

Die kleinere **Blaumeise** (*Cyanistes caeruleus*) ist auf Ober- und Unterseite ähnlich gefärbt, das Kopfmuster ist aber deutlich verschieden. Die Kopfkappe ist blau und das Gesicht überwiegend weiß, mit einem dunklen Streifen, der durch das Auge verläuft. Die Blaumeise singt heller als die Kohlmeise, häufig hört man ihren hohen Ruf „si-si-si“.

Wie eine sehr kleine Kohlmeise wirkt die **Tannenmeise** (*Periparus ater*). Allerdings fehlt ihr die gelbe Unterseite, die stattdessen schmutzig weiß ist. Am Hinterkopf trägt sie einen großen weißen Fleck.

Tannenmeise

Blaumeise

Sumpfmeise

Haubenmeise

Das farbloseste Mitglied dieser Gruppe ist die **Sumpfmeise** (*Poecile palustris*). Sie zeigt ein überwiegend braunes Gefieder mit einer schwarzen Kopfkappe, einem kleinen schwarzen Kehlfleck und weißlichem Gesicht.

Unverwechselbar ist die **Haubenmeise** (*Lophophanes cristatus*). Sie ist ebenfalls unauffällig braun gefärbt, aber ihr Kopfschmuck ist einzigartig. Der namensgebende spitze Schopf ist grau meliert und zeigt fast durchwegs senkrecht nach oben.

SCHWANZMEISE

Die **Schwanzmeise** (*Aegithalos caudatus*) trägt das Wort „Meise“ zwar im Namen, zählt aber im wissenschaftlichen Sinn nicht zur selben Familie wie die echten Meisen. Besonders auffällig ist der sehr lange schwarze Schwanz mit weißen Kanten. Die Oberseite ist insgesamt recht dunkel, auf den Schultern ist ein großes, graurosa Feld zu sehen. Das Kopfmuster ist variabel und reicht (inklusive aller Zwischenformen) von rein weißköpfigen Individuen bis zu solchen mit breiten schwarzen Streifen über dem Auge.

Schwanzmeisen treten vor allem im Winter gerne in größeren (Familien-)Gruppen auf, die häufig durch ihre Rufe (sehr hoch „sih-sih-sih“ oder scharf „dschrrp-dschrrp“) auf sich aufmerksam machen. In Büschen und Bäumen turnen sie geschickt auf den dünnsten Ästen herum.

Als Brutvogel trifft man die Schwanzmeise seltener in Gärten an, häufig laben sich kleine Trupps im Winter aber an angebotener, fettreicher Nahrung wie Erdnuss-Säckchen, Talg oder Fettschwar-

Schwanzmeise

ten. Zu grobes Körnerfutter wird nicht angenommen, da sich der winzige Schnabel nicht zum Knacken großer Samen eignet.

KLEIBER

~

Der **Kleiber** (*Sitta europaea*) ist nahe mit den Meisen verwandt. Sein Name kommt von „Kleben" und weist auf die einzigartige Nistplatz-Architektur der Art hin. Als Höhlenbrüter nutzt der Kleiber nicht nur Öffnungen, die genau zu seiner Körpergröße passen. Was nicht passt, wird passend gemacht. So beziehen Klei-

Kleiber

ber-Pärchen auch riesige Asthöhlen oder Nistkästen mit zu großen Einfluglöchern, die sie dann mit Lehm zukleben, bis nur mehr eine Einflugöffnung von genau passendem Durchmesser übrig bleibt.

Seine Nahrung, im Sommer Insekten und Spinnen, sucht er vorwiegend auf der Rinde von Baumstämmen, die er geschickt hinauf-, aber sogar kopfüber hinabklettert. Im Winter nimmt er gerne Körnerfutter und Nüsse an Futterhäuschen. Männchen und Weibchen sind schwer zu unterscheiden, einzig die Färbung der Unterschwanzdecken ist beim Männchen dunkler rotbraun. Der Kleiber ist eine stimmfreudige Art, er verfügt aber über keine melodischen Gesänge, sondern verschiedene, monotone Rufreihen wie das charakteristische „djü-djü-djü".

RABENKRÄHE UND NEBELKRÄHE

Lange wurden und teilweise werden diese beiden häufigsten heimischen Krähen noch gemeinsam als eine Art, die Aaskrähe, betrachtet. Während die ganz schwarze **Rabenkrähe** (*Corvus corone*) überwiegend in Westeuropa zu finden ist, besiedelt die **Nebelkrähe** (*C. cornix*) – mit grauem Rücken und Bauch – Ost-, Nord- und Südeuropa. Im deutschsprachigen Raum verläuft die Grenze der beiden Verbreitungsgebiete durch das östliche Deutschland und Österreich. Entlang dieser Grenze kommen aber häufig Hybride, also Mischlinge der beiden Formen, vor, in manchen Städten dominieren diese sogar.

Nebel- und Rabenkrähe kommen bei uns beide ganzjährig und gerne in Menschennähe vor, wo sie als Allesfresser unter anderem

Rabenkrähe

Nebelkrähe

vom reichhaltigen Nahrungsangebot profitieren. Ihre Nester findet man meist in höheren Bäumen, sie werden in späteren Jahren gerne von Turmfalken und Waldohreulen als Nistplätze genutzt. Raben- und Nebelkrähen findet man bei der Nahrungssuche meist paarweise, vor allem Nichtbrüter, aber auch in größeren Gruppen, beispielsweise auf Äckern.

SAATKRÄHE, DOHLE UND ELSTER

Drei weitere Krähenarten besuchen häufig unsere Gärten. Die **Saatkrähe** (*Corvus frugilegus*) ist wie die Rabenkrähe ganz schwarz. Altvögel lassen sich aber leicht durch die hellgraue Basis ihres spitzen Schnabels unterscheiden. Die Saatkrähe ist bei uns

Saatkrähe

Dohle

Elster

überwiegend Wintergast aus dem Nordosten, es existieren aber lokal auch Brutvorkommen. Anders als Raben- und Nebelkrähe brütet die Saatkrähe in großen Kolonien, häufig in Ackerlandschaften. Saatkrähen sind durchwegs gesellig und suchen gerne in großen Gruppen nach Nahrung, die überwiegend aus Kleintieren wie Insekten oder Regenwürmern besteht.

Die **Dohle** (*C. monedula*) ist kleiner als die übrigen Krähenarten und ebenfalls überwiegend schwarz. Kennzeichnend ist der heller graue Nacken, das weißliche Auge und der kurze Schnabel. Charakteristisch ist auch ihr Ruf („kja"), den die stimmfreudigen Vögel gerne von sich geben. Die auch als „Turmdohlen" bezeichneten Vögel (im Gegensatz zu den gelbschnäbeligen, bergbewohnenden Alpendohlen, *Pyrrhocorax graculus*) brüten in hohen Gebäuden, Schornsteinen, Baumhöhlen und geeigneten Nistkästen. Wo bei uns Dohlen brüten, sind sie ganzjährig anzutreffen, vielerorts ziehen sie aber auch als Wintergäste zu. Sie sind Allesfresser und kommen zur Nahrungssuche gerne auf den Boden, wo sie suchend über Rasen oder Äcker spazieren.

Die **Elster** (*Pica pica*) gehört ebenfalls zur Verwandtschaft der Krähen, kann aber mit keiner Art verwechselt werden. Das schwarz-weiße Gefieder mit bläulich glänzenden Flügeln und dem langen, grün schimmernden Schwanz ist in unserer Vogelwelt einzigartig. Elster-Pärchen legen in Bäumen und Sträuchern ein großes Nest aus Reisig an, das ein lockeres Dach besitzt und aus der Ferne wie eine große Kugel wirkt. Nahrung und Nahrungssuche wie bei der Dohle.

STAR

Auf den ersten Blick sieht der **Star** (*Sturnus vulgaris*) der gut bekannten Amsel recht ähnlich. Das Gefieder ist aber nicht so durchgehend schwarz wie das der Amsel-Männchen, sondern trägt über weite Teile des Jahres viele kleine weiße Tupfer und schimmert grün, blau und violett. Der Schnabel ist hellgelb (nach der Brutzeit schwärzlich) und stark zugespitzt. Die Jungvögel, die ab Mitte Mai zu sehen sind, tragen ein sehr einheitlich graubraunes Gefieder und besitzen einen schwarzen Schnabel.

Während sich Amseln meist beidbeinig hüpfend fortbewegen, spazieren Stare auf der Suche nach Insekten aufrecht über den Gartenrasen. Sie brüten in großen Hohlräumen in Bäumen, beispielsweise in verlassenen Spechthöhlen, nehmen aber sehr gerne auch Nistkästen mit ausreichend großem Einflugloch an.

Der Gesang des Stars ist eine schwer zu beschreibende Abfolge quietschender, schnarrender und klickender Laute. Kennzeichnend ist die häufige Verwendung von Imitationen. Die Männchen bauen Laute aus der Umwelt in ihren eigenen Gesang ein. Meist kommen dabei Strophen anderer Vogelgesänge zum Einsatz, aber auch Handyklingeltöne oder Musik aus dem Radio werden imitiert.

HAUSSPERLING UND FELDSPERLING

Gemeinhin als „Spatz“ werden oft verschiedenste, eher braun gefärbte Singvögel bezeichnet. Richtigerweise handelt es sich dabei um Vögel aus der Gruppe der Sperlinge, von denen wir zwei Arten

Star

Haussperling (Männchen)

Feldsperling (Männchen)

in unseren Gärten finden. Beide kommen in direkter Umgebung menschlicher Siedlungen vor, wobei der **Haussperling** (*Passer domesticus*) eine stärkere Tendenz zu verbautem Gebiet zeigt und der **Feldsperling** (*P. montanus*) vermehrt im ländlichen Raum oder in größeren Gärten vorkommt.

Männchen und Weibchen lassen sich nur beim Haussperling unterscheiden. Ersteres hat ein kontrastreicheres Gefieder mit ei-

ner typischen Kopfzeichnung samt grauer Kopfplatte. Im Winter legen die Männchen ein etwas schlichteres Ruhekleid an und der Schnabel verfärbt sich von schwarz zu hornfarben. Das Weibchen des Haussperlings ist über das ganze Jahr hinweg unscheinbarer und in weniger Braun- und Grautönen gestreift gefärbt.

Beim etwas kleineren Feldsperling sehen Männchen und Weibchen gleich aus. Kennzeichnend ist ein brauner Kopf ohne graue

Gefiederpartien sowie eine reinweiße Wange, in deren Mitte ein isolierter schwarzer Fleck zu sehen ist.

Beide Arten besuchen gerne Winterfütterungen und brüten in verschiedensten Hohlräumen an Gebäuden. Der Feldsperling nimmt besonders gerne auch Nistkästen für Höhlenbrüter an.

STIEGLITZ, BUCHFINK, GRÜNLING UND GIRLITZ

Die Finken sind eine große Gruppe innerhalb der Singvögel, die sich durch kurze, dicke Schnäbel auszeichnet, die sie zum Knacken von Samen benötigen. Ihr napfförmiges Nest, das unter anderem häufig aus Gras, Moos, Haaren und Flechten besteht, legen diese Arten meist in Sträuchern oder Bäumen an. Die folgenden vier Arten kommen als Brutvögel und Gäste in unseren Gärten vor.

Der **Buchfink** (*Fringilla coelebs*) zählt zu den häufigsten Vögeln Europas und kommt fast überall vor, wo es einige ältere Bäume gibt. Männchen tragen eine große graue Kopfkappe, Gesicht und Brust sind rotbraun gefärbt. Die Weibchen sind matter graubraun, beide Geschlechter tragen eine auffällige weiße Flügelbinde. Besonders charakteristisch für diese Art ist der schmetternde Reviergesang der Männchen („Finkenschlag“), der anfangs abfallend beschleunigt und mit einem wieder aufsteigenden Triller endet. Am Futterhaus bleibt der Buchfink meist am Boden, wo er verschiedene Sämereien aufnimmt, im Sommer frisst er Insekten.

Der **Stieglitz** (*Carduelis carduelis*; auch Distelfink) ist ein besonders auffälliger Vertreter der Finken, mit braunem Rücken,

Buchfink

Stieglitz

Grünling (Männchen)

Girlitz (Männchen)

rot-weiß-schwarzem Kopfmuster und schwarz-gelben Flügeln. Männchen und Weibchen sind sehr ähnlich gefärbt, Jungvögel erhalten die rote Gesichtsmaske erst im Spätsommer. Seine lieblich zwitschernden Rufe hört man von kleinen Gruppen während der Nahrungssuche genauso wie von überfliegenden Vögeln. Ab dem Sommer besuchen die geselligen Stieglitze gerne Disteln, Kletten und Sonnenblumen, deren Samen dann auch über das Winterhalbjahr ein wichtiger Teil ihrer Nahrung sind.

Der **Grünling** (*C. chloris; auch Grünfink*) zeigt im Gefieder viele Farbverläufe zwischen grün, gelb, grau und braun. Männchen sind kräftiger grünlich-gelb, Jungvögel und Weibchen eher braun gefärbt. Die Flügel und der Schwanz zeigen einen hohen Gelbanteil. Der Gesang des Männchens ist eine monotone Abfolge verschiedener Triller und wird von hohen Singwarten, beispielsweise Baumspitzen oder Fernsehantennen, aus vorgetragen. Der Flugruf klingt wie „djüp-djüp-djüp". Als Nahrung nutzen Grünlinge zum Beispiel Knospen, Hagebutten und Samen.

Der kleinste heimische Fink ist der **Girlitz** (*Serinus serinus*). Sein Gefieder ist stark gestrichelt, der untere Rücken ist knallig grünlich-gelb. Nur das Männchen hat ausgedehnte gelbe Bereiche am Kopf. Der Gesang, der oft von hohen Singwarten aus oder in einem Singflug vorgetragen wird, ist eine unverwechselbare, sehr schnelle Strophe schriller Triller, die metallisch und kratzend klingen. Im Gegensatz zu den voran beschriebenen Arten zieht der Girlitz, mit einzelnen Ausnahmen, im Winter nach Süden.

BERGFINK, ERLENZEISIG, GIMPEL UND KERNBEISSER

Die folgenden vier Arten besuchen unsere Gärten überwiegend im Winter, wo man sie vor allem am Futterhaus gut beobachten kann.

Der **Bergfink** (*Fringilla montifringilla*) ist in Größe und Gestalt dem Buchfinken ähnlich, brütet aber in Nordeuropa und kommt als Wintergast meist erst ab Oktober nach Mitteleuropa. Im Gefieder trägt er stets orange Farbtöne, zum Beispiel an Brust und Schultern. Männchen wirken etwas bunter und haben schwärzere Köpfe als Weibchen. Der Ruf klingt quäkend „dschää".

Der **Erlenzeisig** (*Carduelis spinus*) brütet vor allem in höheren Lagen in fichtenreichen Wäldern und stößt nicht in allen Wintern als Gast in unsere Gärten vor. Er ist ähnlich klein wie der Girlitz und ebenso überwiegend grün, gelb und schwarz gefärbt. Männchen sind gelber als Weibchen und haben im Gegensatz zu diesen eine schwarze Kopfkappe und einen kleinen schwarzen Kehlfleck. Jungvögel sind den Weibchen ähnlich, zeigen aber nur sehr wenig Gelb und Grün im Gefieder. Der kleine, schmale Schnabel wird zum Knacken kleinerer Samen, zum Beispiel aus Erlenzapfen, verwendet. Der Ruft klingt wie „tsi-lü".

Der unverwechselbare **Gimpel** (*Pyrrhula pyrrhula*; auch Dompfaff) ist recht scheu und kommt im Winter als Zuzügler aus dem Norden oder aus den heimischen Wäldern in die Gärten im ländlichen Raum oder am Stadtrand. Beide Geschlechter haben eine schwarze Kopfkappe, einen dicken, schwarzen Schnabel, schwarze Flügel mit einer weißen Flügelbinde und einen grauen Rücken. Die Unterseite der Männchen ist hellrot, die der Weibchen graubraun

Bergfink (Männchen)

Erlenzeisig (Weibchen)

gefärbt. Im Flug fällt der große weiße Fleck am unteren Rücken auf. Der Ruf klingt etwas wehmütig, recht leise „djüh".

Der mächtige **Kernbeißer** (*Coccothraustes coccothraustes*) ist der größte unter den heimischen Finken. Sein gewaltiger Schnabel knackt die härtesten Samen. Zwar brütet diese Art bei uns auch in Laubwäldern, zu Gesicht bekommt man ihn aber meist erst im Winter, wenn der vorsichtige Vogel auch Futterstellen besucht. Das Gefieder des Kernbeißers zeigt verschiedene Brauntöne und schwarze, glänzende Flügel. Männchen und Weibchen sind sehr ähnlich, Männchen aber etwas kontrastreicher und kräftiger gefärbt. Der Schnabel ist im Sommer schwärzlich, im Winter hornfarben. Die Art ruft nicht sehr häufig, aus Baumkronen oder im Flug hört man aber gelegentlich ein scharfes, hohes „zix".

Gimpel (Männchen)

Kernbeißer

Über den Autor

Leander Khil, Jahrgang 1988, ist passionierter Vogelkundler und Naturfotograf. Er studierte Naturschutz an der Universität Wien.

FSC
www.fsc.org
MIX
Papier aus verantwortungsvollen Quellen
FSC® C012536

© 2015 Servus bei Benevento Publishing,
eine Marke der Red Bull Media House GmbH, Wals bei Salzburg

Alle Rechte vorbehalten, insbesondere das des öffentlichen Vortrags, der Übertragung durch Rundfunk und Fernsehen sowie der Übersetzung, auch einzelner Teile. Kein Teil des Werkes darf in irgendeiner Form (durch Fotografie, Mikrofilm oder andere Verfahren) ohne schriftliche Genehmigung des Verlages reproduziert oder unter Verwendung elektronischer Systeme verarbeitet, vervielfältigt oder verbreitet werden.
Gesetzt aus der Minion Pro.

Medieninhaber, Verleger und Herausgeber:
Red Bull Media House GmbH
Oberst-Lepperdinger-Straße 11–15
5071 Wals bei Salzburg, Österreich

Fotos: Leander Khil (www.leanderkhil.com),
außer: S. 24 unten, S. 50 unten, S. 58 unten, S. 62 / APA PictureDesk

Druck: Druckerei Theiss
Umschlaggestaltung: Frank Behrendt, Conny Laue
Umschlagabbildung: Leander Khil
Printed in Austria
ISBN 978-3-7104-0062-9

1 2 3 4 5 6 7 8 / 18 17 16 15